BEI GRIN MACHT SICH IHR WISSEN BEZAHLT

- Wir veröffentlichen Ihre Hausarbeit,
  Bachelor- und Masterarbeit

- Ihr eigenes eBook und Buch -
  weltweit in allen wichtigen Shops

- Verdienen Sie an jedem Verkauf

**Jetzt bei www.GRIN.com hochladen
und kostenlos publizieren**

Konsistente Initialisierung von Netzwerk-DAEs

Artem Chernykh

GRIN

Bibliografische Information der Deutschen Nationalbibliothek:

Die Deutsche Nationalbibliothek verzeichnet diese Publikation in der Deutschen Nationalbibliografie; detaillierte bibliografische Daten sind im Internet über http://dnb.d-nb.de abrufbar.

ISBN: 9783389033777
Dieses Buch ist auch als E-Book erhältlich.

Druck und Bindung: Books on Demand GmbH, Norderstedt Germany
Gedruckt auf säurefreiem Papier aus verantwortungsvollen Quellen

Das vorliegende Werk wurde sorgfältig erarbeitet. Dennoch übernehmen Autoren und Verlag für die Richtigkeit von Angaben, Hinweisen, Links und Ratschlägen sowie eventuelle Druckfehler keine Haftung.

Das Buch bei GRIN: https://www.grin.com/document/1472201

Konsistente Initialisierung von Netzwerk-DAEs

Artem Chernykh

20. März 2017

Inhaltsverzeichnis

1 Einleitung

Heutzutage ist das Leben in modernen Industriestaaten ohne stabile Wasser-, Strom- und Gasversorgung kaum denkbar. Diese zivilisatorische Leistung wird permanent durch die zahlreiche funktionierenden Netzwerke wie Wassernetzwerke, Stromnetze, Gasnetze und elektronische Schaltungen vollbracht. Einerseits fordern wir die Zuverlässigkeit der Systeme, aber andererseits wollen wir im Zuge der nachhaltigen Entwicklung stärker auf den effizienten Umgang mit Ressourcen setzen. Insbesondere ist diese Herausforderung bei Wassernetzwerken gewaltig, da Wasser für unsere Existenz unverzichtbar ist. Eine gute mathematische Modellierung soll beim Lösen dieses Problems helfen. Somit betrachten wir in dieser Arbeit nur die Wassernetzwerke, obwohl einige Konzepte auch auf die anderen Netzwerktypen anwendbar sind.

Durch verschiedene Modelle des Wasserflusses in einem Rohr, können wir die Netzwerkmodelle beliebiger Komplexität erstellen. Als Rohrgleichungen können wir partielle Differentialgleichungen (*PDEs*), gewöhnliche Differentialgleichungen (*ODEs*) und algebraische Gleichungen (*AEs*) verwenden. Entsprechend zusammen mit algebraischen Nebenbedingungen etwa wie Fluss-Balance-Gleichung und Druck-Unterschied-Gleichung kommen wir auf System von partiellen Algebro-Differentialgleichungen *PDAEs*, Algebro-Differentialgleichungen *DAEs* und *AEs*.

Da die stationären Systeme von *AEs* von niedriger Komplexität bereits gut erforscht [16] und erfolgreich implementiert sind [15], konzentrieren wir uns auf die Systeme von *DAEs*, die den Wasserfluss in einem Rohr mithilfe einer *ODE* modellieren. Sie werden auch als quasi-stationär bezeichnet.

In dieser Arbeit greifen wir auf die Modellierung vom Wassernetzwerk [9] und dessen Elemente wie Rohre, Ventile, Pumpen, Reservoirs, Knoten und Tanks [5] zurück. Da die modellierte *DAE* durch die Schaltelemente sehr komplex ist, konzentrieren wir uns nur auf die Rohre, Reservoirs und Knoten. Mithilfe vom *dissection index* [8], graphentheoretischer Netzwerkanalyse [6] und der Koordinatentransformation [6] entkoppeln wir die *DAE* und bekommen die Lösung [6]. Durch meine Berechnung der inversen Koordinatentransformation können wir die konsistenten Anfangswerte bestimmen und insbesondere die konsistente Initialisierung der *DAE* angeben. Wir werden auch sehen, dass es bei dieser *DAE* zwischen den Komponenten mit frei wählbaren Anfangswerten und einigen Kanten im Netz ein direkter Zusammenhang besteht.

Die theoretischen Konzepte werden an einem selbstgewählten Beispiel Schritt für Schritt veranschaulicht.

2 Grundlagen der DAEs

In diesem Kapitel werden die wichtigsten Definitionen und Konzepte aus dem Gebiet der Algebro-Differentialgleichungen (*DAEs*) eingeführt. Insbesondere gehen wir auf die Definition der properen Formulierung und der konsistenten Initialisierung ein. Danach betrachten wir das Konzept vom *dissection index*, welches für die Analyse und die Entkopplung der Wassernetzwerk-*DAEs* sehr hilfreich ist. Zuerst werden wir uns mit der folgenden Art der *DAEs* beschäftigen.

2.1 Grundlagen

In diesem Abschnitt orientieren wir uns an [10] und arbeiten die notwendigen Grundlagen der *DAEs* heraus.

Definition 2.1 (Semi-lineare DAE)
Seien $I \subset \mathbb{R}$ ein kompaktes Intervall und $\mathcal{D} \subset \mathbb{R}^n$ offen und zusammenhängend. Eine semi-lineare Algebro-Differentialgleichung (DAE) ist eine Gleichung der Form

$$A(Dz(t))' + b(z(t), t) = 0, \tag{1}$$

wobei $(z, t) \in \mathcal{D} \times I, A \in \mathbb{R}^{n \times m}, D \in \mathbb{R}^{m \times n}$ und $b \in C^1(\mathcal{D} \times I, \mathbb{R}^n)$ sind.

Die Funktion $z \in C_D^1(I, \mathbb{R}^n) := \{z \in C(I, \mathcal{D}) : Dz \in C^1(I, \mathbb{R}^m)\}$, die die Gleichung (1) erfüllt, wird als eine Lösung der *DAE* bezeichnet.

Bemerkung 2.2 (Lösungsraum)
Der Lösungsraum einer DAE ist $C_D^1(I)$ anstatt von $C^1(I)$, da bei einer DAE nicht notwendigerweise alle Komponenten der Lösungsfunktion z differenzierbar sein müssen.

Wir wollen die Matrizen A und D so anpassen, dass im Produkt AD die Daten von den einzelnen Faktoren sich weder überlappen noch auslöschen. Dazu führen wir die folgende Definition ein.

Definition 2.3 (propere Formulierung)
Die DAE (1) ist proper formuliert auf I, falls es gilt:

(i) *$\ker A \oplus \operatorname{im} D = \mathbb{R}^m$,*

(ii) *der Projektor $R : I \to L(\mathbb{R}^m)$ mit $\operatorname{im} R(t) = \operatorname{im} D, \ker R(t) = \ker A$ ist stetig differenzierbar.*

Einer der Hauptunterschiede zwischen den gewöhnlichen Differentialgleichungen (*ODEs*) und den Algebro-Differentialgleichungen (*DAEs*) ergibt sich bei der Betrachtung von Anfangswertproblemen (AWPs) [13]. In den *ODE*-AWPs wird die lokale Existenz einer Lösung um einen beliebigen Anfangswert nach dem Satz von Peano gesichert, falls die rechte Seite der *ODE* stetig ist [11]. Bei den *DAE*-AWPs existiert keine vergleichbare Aussage, da die *DAE* einige Komponenten der Anfangswerte durch algebraische Nebenbedingungen fixiert, siehe [10]. Die Lösbarkeit einer *DAE* ist nur bei der Wahl eines konsistenten Anfangswertes gesichert, welches wir im folgenden definieren.

3

Definition 2.4 (konsistenter Anfangswert einer DAE)
Der Anfangswert (auch Startwert genannt) der DAE $z_0 \in \mathbb{R}^n$ heißt konsistent, falls es eine Lösung $z \in C_D^1(I)$ von (1) gibt mit $z(t_0) = z_0$ für ein $t_0 \in I$.

Als Erweiterung dieses Begriffs betrachten wir die konsistente Initialisierung einer *DAE*.

Definition 2.5 (konsistente Initialisierung)
Das Tupel $(y_0, z_0) \in (\mathbb{R}^m \times \mathbb{R}^n)$ heisst eine konsistente Initialisierung, falls z_0 ein konsistenter Anfangswert ist und y_0 die folgende Gleichung erfüllt:
$Ay_0 + b(z_0, t_0) = 0.$

Bemerkung 2.6
Die konsistente Initialisierung lässt sich manchmal mithilfe des konsistenten Anfangswerts z_0 und der dazugehörigen Lösung z angeben mit $y_0 := (Dz)'(t_0)$.

Bemerkung 2.7 (nichtlineare DAE)
Die zuvor präsentierten Definitionen bzgl. der DAE (1) lassen sich auch auf die nichtlineare DAE der Form

$$f((d(z,t))', z, t) = 0 \tag{2}$$

erweitern, wobei $f \in C^1(\mathbb{R}^m \times \mathcal{D} \times I, \mathbb{R}^n)$ und $d \in C^1(\mathcal{D} \times I, \mathbb{R}^m)$; $\mathcal{D}, I$ seien wie oben. Für die propere Formulierung ersetzen wir $\ker A$ durch $\ker f_y(y, x, t)$ und $im D$ durch $im d_x(x, t)$. Die konsistente Initialisierung (y_0, z_0) erfüllt die Gleichung $f(y_0, z_0, t_0) = 0$. Weitere Details sind in [10] zu finden.

Sowohl bei theoretischen Untersuchungen als auch bei numerischen Berechnungen spielt der Grad der Komplexität einer *DAE* eine große Rolle. Dieser wird generell als Index der *DAE* bezeichnet. Da das Gebiet der *DAEs* sich noch in der Forschungsphase befindet, existieren derzeit viele Indexkonzepte wie Differentiationsindex [1], Perturbationsindex [4], Strangeness Index [7], Traktabilitätsindex [10] und *dissection index* [8]. Die Wahl eines geeigneten Indexkonzeptes ist maßgebend für die Entkopplung und anschließende Analyse einer *DAE*. Für die Klasse von Netzwerk-*DAEs* bietet sich der *dissection index* an, siehe dazu in [8].

2.2 Dissection Index

Die Konstruktion vom *dissection index* [8] erfolgte im Hinblick auf die Erfüllung der folgenden Bedingungen für die verschiedenen Klassen von *DAEs*:

(i) die Komplexität der Entkopplung soll die Komplexität der *DAE* widerspiegeln und möglichst zustandsunabhängig sein;

(ii) die Entkopplung soll die Symmetrie, Monotonie und positive Definitheit erhalten;

(iii) die Entkopplung soll mit der sukzessiven Analyse realisiert werden.

Der *dissection index* erweist sich als eine Mischung aus dem Traktabilitätsindex und Strangeness Index. Das Linearisierungskonzept (bei nichtlinearen *DAEs*) wird aus dem Traktabilitätsindex übernommen, während das Entkopplungsverfahren aus dem Strangeness Index stammt.

Hier wird die Definition des *dissection index* bis zum Index 2 angegeben. Zuerst fixieren wir die Zerlegung von $\mathbb{R}^n$ und $\mathbb{R}^m$ in Bezug auf die Matrixfunktion $M \in C(\mathcal{D} \times I, \mathbb{R}^{m \times n})$.

Definition 2.8 (Basisfunktionen)
Seien I ein kompaktes Intervall und $\mathcal{D} \subset \mathbb{R}^n$ offen und zusammenhängend. Sei $M \in C(\mathcal{D} \times I, \mathbb{R}^{m \times n})$ eine Matrixfunktion. Definieren $n_x, n_y, m_v, m_w \in \mathbb{N}$, so dass es gilt:

$$n_y = dim(ker M(z,t)), \qquad n_x = n - n_y,$$
$$m_w = dim(ker M^T(z,t)), \qquad m_v = m - m_w.$$

Wählen wir vier Matrixfunktionen

$$P : \mathcal{D} \times I \to \mathbb{R}^{n \times n_x}, \qquad Q : \mathcal{D} \times I \to \mathbb{R}^{n \times n_y},$$
$$V : \mathcal{D} \times I \to \mathbb{R}^{m \times m_v}, \qquad W : \mathcal{D} \times I \to \mathbb{R}^{m \times m_w},$$

so dass

(i) *die Spalten von $P(z,t)$ die Basis von $\mathbb{R}^m \ominus ker M(z,t)$;*

(ii) *die Spalten von $Q(z,t)$ die Basis von $ker M(z,t)$;*

(iii) *die Spalten von $V(z,t)$ die Basis von $\mathbb{R}^n \ominus ker M^T(z,t)$;*

(iv) *die Spalten von $W(z,t)$ die Basis von $ker M^T(z,t)$*

für alle $(z,t) \in \mathcal{D} \times I$ bilden. Wir bezeichnen P als komplementäre Kernfunktion von M, Q als Kernfunktion von M, V als komplementäre transponierte Kernfunktion von M und W als transponierte Kernfunktion von M. Sie werden auch als die assoziierte Basisfunktionen von M bezeichnet.

Folglich definieren wir die Matrixkette bis zum Index 2. Bezeichnen wir mit $B(z,t) := b_z(z,t)$ die Jacobi-Matrix der Funktion $b \in C^1(\mathcal{D} \times I)$ und definieren

$G_0 := AD$. Seien P, Q, V, W die assoziierten Basisfunktionen von G_0. Wir definieren weiter mit

$$G_1 := V^T ADP,$$
$$B_{x_1}^V(z,t) := V^T B(z,t)P, \qquad B_{y_1}^V(z,t) := V^T B(z,t)Q,$$
$$B_{x_1}^W(z,t) := W^T B(z,t)P, \qquad B_{y_1}^W(z,t) := W^T B(z,t)Q.$$

Im nächsten Schritt seien $Q_{y_1}(z,t)$ die Kernfunktion und $W_{y_1}(z,t)$ die transponierte Kernfunktion von $B_{y_1}^W(z,t)$. Weiterhin seien $Q_{x_1}(z,t)$ die Kernfunktion von $W_{y_1}^T(z,t)B_{x_1}^W(z,t)$ und $W_{x_1}(z,t)$ die transponierte Kernfunktion von $G_1 Q_{x_1}(z,t)$. Dann definieren wir $B_{y_2}^W(z,t) := W_{x_1}^T(z,t)B_{y_1}^V(z,t)Q_{y_1}(z,t)$ und die charakteristischen Werte

$$r_0 := rk\ AD, \quad r_1 := r_0 + rk\ B_{y_1}^W(z,t), \quad r_2 := r_1 + rk\ B_{y_2}^W(z,t) \qquad (3)$$

unter der Bedingung der Stetigkeit und konstanten Rangs der assoziierten Basisfunktionen.

Definition 2.9
Sei die DAE (1) proper formuliert und $\mathcal{G} \subset \mathcal{D} \times I$ offen und zusammenhängend. Dann ist die DAE (1)

0. regulär mit dem dissection index 0 auf $\mathcal{G}$, falls $r_0 = n$,

1. regulär mit dem dissection index 1 auf $\mathcal{G}$, falls $r_0 < r_1 = n$,

2. regulär mit dem dissection index 2 auf $\mathcal{G}$, falls $r_1 < r_2 = n$.

Eine notwendige Bedingung für die Definition vom *dissection index* ist dessen Unabhängigkeit von der Wahl der assoziierten Basisfunktion.

Satz 2.10 (Rangunabhängigkeit)
Sei die DAE (1) proper formuliert und $\mathcal{G} \subset \mathcal{D} \times I$ offen und zusammenhängend. Dann sind die charakteristischen Werte r_0, r_1 und r_2 aus (3) und der dissection index unabhängig von der Wahl der verwendeten assoziierten Basisfunktionen. Beweis: siehe [8].

In den nächsten beiden Sätzen wird der Zusammenhang zwischen drei folgenden Indexkonzepten dargestellt: Strangeness Index, Traktabilitätsindex und *dissection index*.

Satz 2.11
Sei die DAE (2) proper formuliert und besitze den endlichen dissection index μ und den endlichen Traktabilitätsindex μ_T. Dann gilt $\mu = \mu_T$.

Satz 2.12
Sei die DAE (2) proper formuliert und besitze den endlichen dissection index μ und den endlichen Strangeness Index μ_S. Dann gilt $\mu = \mu_S + 1$.

Die Beweise von diesen Sätzen und die weiteren Details über den *dissection index* sind in [8] zu finden.

3 Modellierung des Wassernetzwerkes

In diesem Kapitel werden wir die DAE für Wassernetzwerke in mehreren Schritten herleiten. Zuerst beschreiben wir ein Netzwerk mithilfe der Graphentheorie und definieren die Begriffe wie Fluss, Druck und Inzidenzmatrix. Im nächsten Schritt stellen wir die Gleichungen für jedes Element des Wassernetzwerks auf. Bei den Rohren verwenden wir das quasi-stationäre Modell, d.h. es gibt keine hydraulischen Schocks im System. Anschließend setzen wir die Gleichungen zu einer DAE zusammen. Danach reduzieren wir das Wassernetzwerk-Modell auf Rohre, Knoten und Reservoirs und vereinfachen damit die entstandene DAE. Des Weiteren wird ein beispielhaftes Wassernetzwerk mit dessen Modellierung grafisch veranschaulicht.

3.1 Netzwerktopologie

Jedes Flussnetzwerk etwa wie Gasnetzwerk, Herz-Kreislaufsystem, Stromnetz, elektronische Schaltung und Wassernetzwerk lässt sich mithilfe der Graphentheorie modellieren [9]. Wir definieren den zusammenhängenden gerichteten Graph $G = (N, E)$ (siehe Anhang), wobei die Knoten $N = \{v_1, \ldots, v_{n_N}\}$ die n_N Flussnetzwerk-Knoten und die Kanten $E = \{e_1, \ldots, e_{n_E}\}$ die n_E Rohre repräsentieren. Im Folgenden bezeichnen wir die "Flussnetzwerk-Knoten" einfach als "Knoten". Des Weiteren teilen wir die Knoten N disjunkt in die Reservoirs N_p und die *junctions* N_q ein, so dass es $N = N_p \sqcup N_q$ mit $N_q = \{v_1, \ldots v_{n_{N_q}}\}$ und $N_p = \{v_{n_{N_q}+1}, \ldots v_{n_N}\}$ gilt.

Jede Kante $e_i \in E$ mit $i = 1, \ldots, n_E$ besitzt eine Orientierung, wobei sie o.B.d.A vom linken Knoten $v_{iL} \in N$ zum rechten Knoten $v_{iR} \in N$ hin gerichtet ist. Dies hat jedoch keine Auswirkungen auf den tatsächlichen Fluss des Mediums im Rohr, denn der Fluss in die entgegengesetzte Richtung wird einfach mit dem negativen Vorzeichen versehen. Da wir das Strömungsverhalten in den Rohren als laminar annehmen und Verwirbelungen in Richtungen längs dem Rohrquerschnitt vernachlässigen, können wir die Rohre als ein 1-dimensionales Objekt mit $I_i := [v_{iL}, v_{iR}] \subset \mathbb{R}$ ansehen.

Dann lässt sich der Zusammenhang zwischen den Kanten E und Knoten N mithilfe der Inzidenzmatrizen $A_L, A_R, A \in \mathbb{R}^{n_E \times n_N}$ eindeutig beschreiben:

$$(A_L)_{ij} = \begin{cases} -1, & \text{falls die Kante } e_i \text{ den Knoten } v_j \text{ links hat,} \\ 0, & \text{sonst,} \end{cases}$$

$$(A_R)_{ij} = \begin{cases} +1, & \text{falls die Kante } e_i \text{ den Knoten } v_j \text{ rechts hat,} \\ 0, & \text{sonst,} \end{cases}$$

$$(A)_{ij} = \begin{cases} -1, & \text{falls die Kante } e_i \text{ den Knoten } v_j \text{ links hat,} \\ 1, & \text{falls die Kante } e_i \text{ den Knoten } v_j \text{ rechts hat,} \\ 0, & \text{sonst,} \end{cases}$$

wobei die Einträge im Bereich $i = 1, \ldots, n_E$, $j = 1, \ldots, n_N$ liegen. Nach diesen Definition sehen wir sofort, dass es $A = A_R + A_L$ gilt.

Bemerkung 3.1

Wir vermeiden die Netzwerke mit Selbstschleifen, d.h. wenn bei einer Kante der linke und der rechte Knoten gleich sind.

Bemerkung 3.2

Je nach Netzwerktyp (Gas, Strom, Wasser, elektronischer Schaltkreis etc.) und Autor treten manchmal die oben definierten Inzidenzmatrizen in transponierter Form auf oder sind mit dem negatives Vorzeichen versehen.

Für die Beschreibung physikalischer Vorgänge im Wassernetzwerk verwenden wir grundsätzlich zwei Variablen: der Fluss m auf den Kanten E und der Druck $\bar{p}$ in den Knoten N.

Die i-te Komponente des Flusses m entspricht dem Fluss auf der Kante $e_i \in E$ mit $m_i(x,t) \in C^1(I_i \times I, \mathbb{R})$ für $i = 1, \dots, n_E$. Des Weiteren definieren wir den Fluss jeweils am rechten und linken Knoten der Kante e_i mit $m_{li}(t) = m_i(v_{iL}, t)$ und $m_{ri}(t) = m_i(v_{iR}, t)$. Fügen wir alle Komponenten zusammen, dann erhalten wir die vektorwertigen Funktionen m_r und m_l. Dann lässt sich die Fluss-Balance-Gleichung formulieren als

$$A_L^T m_l + A_R^T m_r = q, \tag{4}$$

wobei $q \in C(I, \mathbb{R}^{n_N})$ der vorgegebene Knotenfluss in N ist. Wir können leicht sehen, dass die j-te Zeile der Gleichungen (4) die Summe aller Flüsse im Knoten $v_j \in N$ für $j = 1, \dots, n_N$ darstellt:

$$\sum_{i \in I_{in}} m_i(x,t) - \sum_{i \in I_{out}} m_i(x,t) = q_j(t),$$

wobei die I_{in} die Menge der Kanten ist, die zum Knoten v_j gerichtet sind und bei I_{out} die Situation genau umgekehrt ist.

Je nach Funktion des Knotens $v_j \in N$ kann die skalarwertige Funktion q_j nach [3] verschiedene Werte für $t \in I$ annehmen: für Reservoirs gilt es $q_j(t) \leqslant 0$, für Nachfrageknoten haben wir $q_j(t) \geqslant 0$ und bei einfachem Verbindungsknoten beträgt $q_j(t) = 0$. Für weitere Betrachtungen fassen wir die Nachfrageknoten und die Verbindungsknoten zum englischen Begriff *junctions* zusammen.

Bemerkung 3.3

Je nach Modell können wir $m_L = m_R = m$ annehmen, z.B. wenn bei kurzen Rohren die Zeitverzögerung für die Übertragung des Flussimpulses vom linken zum rechten Knoten eine geringe Rolle spielt [9]. In diesem Fall können wir die Fluss-Balance-Gleichungen (4) vereinfachen zu $A^T m = q$. Im Laufe dieser Modellierung werden wir diese Annahme machen.

Die zweite relevante Variable ist der Druck $\bar{p} = \bar{p}(t) \in C(I, \mathbb{R}^{n_N})$ in den Knoten N und wir wollen analog wie oben eine Gleichung mithilfe der Inzidenzmatrizen herleiten.

Betrachten wir für eine beliebige Kante $e_i \in E$ mit $i = 1, \dots, n_E$ die Drücke jeweils im rechten und linken Knoten, und definieren die skalarwertigen Funktionen $p_{li}(t) = \bar{p}_{v_{iL}}(t)$ und $p_{ri}(t) = \bar{p}_{v_{iR}}(t)$. Dadurch haben wir jeweils die i-te Komponente der Funktionen p_l und p_r definiert. Nach der Zusammensetzung aller Komponente ergeben sich die vektorwertigen Funktionen $p_l(t), p_r(t) \in C(I, \mathbb{R}^{n_E})$ als die Drücke am linken und rechten Rand der Kanten

E. Mithilfe der Inzidenzmatrizen bekommen wir $p_l = -A_L\bar{p}$ und $p_r = A_R\bar{p}$. Weiterhin gilt es für den Druckabfall $\Delta\bar{p} = p_r - p_l$ und somit erhalten wir die Druck-Unterschied-Gleichung:

$$p_r - p_l = A\bar{p}. \tag{5}$$

Für eine genaue Betrachtung des Wassernetzwerkmodells benötigen wir die Unterscheidung der Kantenelemente E und der Knotenelementen N. Die Knoten werden in Junctions, Reservoirs, Tanks unterteilt, während wir die Kanten in die Rohre (**P**ipes) und Ventile/Pumpen (**V**alves/Pumps) splitten. Dies hat auch Auswirkungen auf die Flussvariable m, die Druckvariable $\bar{p}$ und den Knotenfluss q:

$$m = \begin{pmatrix} m_P \\ m_V \end{pmatrix}, \quad \bar{p} = \begin{pmatrix} p_J \\ p_{Res} \\ p_T \end{pmatrix}, \quad q = \begin{pmatrix} q_{sJ} \\ q_{sRes} \\ q_{sT} \end{pmatrix}.$$

Genauso lassen sich auch die Inzidenzmatrizen splitten, insbesondere

$$A = \begin{pmatrix} A_P \\ A_V \end{pmatrix} = \begin{pmatrix} A_J & A_{Res} & A_T \end{pmatrix}.$$

3.2 Modellierung der einzelnen Elemente

In diesem Abschnitt betrachten wir die einzelnen Elemente des Wassernetzwerkes und formulieren die zugehörigen physikalischen Zusammenhänge [5]. Die Gleichungen sind skalarwertig, da wir sie für jeweils ein Element aufstellen. Die Zusammenfassung zu einem Gleichungssystem erfolgt erst im nächsten Teil.

Junction

Eine *junction* ist ein Knotenelement, das die triviale Gleichung $q_{sJ} = q_s$ mit einer gegebenen Funktion $q_s \in C(I, \mathbb{R})$ erfüllt.

Reservoirs

Ein Reservoir hat zwar die unbeschränkte Kapazität, aber dafür einen konstanten Druck. Damit erhalten wir die Druckgleichung $p_{Res} = p_s$ mit $p_s \in C(I, \mathbb{R})$.

Tank
Hier haben wir die ODE

$$q_{sT} = K(p_T)\frac{\mathrm{d}p_T}{\mathrm{d}t}, \tag{6}$$

wobei $K = K(p_T)$ die vom Druck abhängige Kapazität des Tanks ist. Im Falle der zylindrischen Form ist K vom Druck p_T unabhängig.

Rohr
Bei Rohren betrachten wir die Gleichungen für die Massen- und Impulserhaltung [14], die viele Variablen und physikalischen Konstanten enthalten:

- $L > 0$ die Rohrlänge

- I das Zeitintervall

- $m \in C^1([0, L] \times I, \mathbb{R})$ der Fluss im Rohr

- $\tilde{p} \in C^1([0, L] \times I, \mathbb{R})$ die Druckfunktion im Rohr

- ρ Wasserdichte

- g Erdbeschleunigung

- D Rohrdurchmesser

- $\hat{A}$ Rohrquerschnitt

- α Anstiegswinkel des Rohrs

- λ Darcy-Rohrreibungsfaktor.

Diese Gleichungen stützen sich auf die folgenden Annahmen:

(i) die Geschwindigkeiten des Wassers in den Rohren sind in der Regel bis zu $5m/s$, folglich werden die konvektiven Terme vernachlässigt [5] ,

(ii) es gibt keine Druckstöße, also der Druck ist zeitlich konstant [12],

(iii) die Zeitverzögerung für die Übertragung des Flussimpulses vom linken zum rechten Knoten spiel eine geringe Rolle [9].

Mit RWCM (*rigid water column model*) [14] und unseren Annahmen erhalten wir die beiden Gleichungen:

$$\partial_x m = 0 \tag{7}$$

$$\partial_t m + \hat{A}\partial_x \tilde{p} + \rho \hat{A} g \sin(\alpha) + \frac{1}{\rho}\frac{\lambda}{2D\hat{A}}m|m| = 0. \tag{8}$$

Die Kontinuitätsgleichung (7) gibt an, dass die Flussfunktion $m(x,t) = m(t)$ von der Ortskomponente unabhängig ist. Damit bekommen wir $m_l = m_r = m$ und vereinfachen damit das gesamte Modell. Weiterhin approximieren wir $\partial_x \tilde{p}$ mit $\partial_x \tilde{p} \approx \frac{1}{L}(p_r - p_l)$ und erhalten

$$\partial_t m + \hat{A}\frac{p_r - p_l}{L} + \rho \hat{A} g \sin(\alpha) + \frac{1}{\rho}\frac{\lambda}{2D\hat{A}}m|m| = 0. \tag{9}$$

Dann multiplizieren wir die approximierte Bewegungsgleichung (9) mit $L/\hat{A}$ und bekommen

$$\frac{L}{\hat{A}}\partial_t m + p_r - p_l + L\rho g \sin(\alpha) + \frac{L}{\rho}\frac{\lambda}{2D\hat{A}^2}m|m| = 0.$$

Zur Vereinfachung führen wir die weiteren Konstanten ein mit

$$S := \frac{L}{\hat{A}}, \quad H := -L\rho g \sin(\alpha), \quad c := \frac{L}{\rho}\frac{\lambda}{2D\hat{A}^2}, \quad m'(t) = \frac{dm(t)}{dt}$$

und erhalten die endgültige Gleichung für ein Rohr:

$$Sm'(t) + p_r - p_l + cm(t)|m(t)| = H. \tag{10}$$

Die weiteren Details sind in [14] zu finden.

10

Ventile/ Pumpen

Die Ventile und Pumpen sind ein Kantenelement, die durch eine Widerstands-funktion $f_V = f_V(m)$ gekennzeichnet sind. Im eingeschalteten/ offenen Zustand gilt $p_r - p_l = f_V(m)$, während wir im ausgeschalteten/ geschlossenen Zustand die Gleichung $m = 0$ haben. Da hier zwischen den beiden Modi umgeschaltet werden kann, erhalten wir

$$s(p_r - p_l - f_V(m)) + (1-s)m = 0, \qquad (11)$$

wobei der Parameter $s = s(t) \in [0,1]$ im off-Zustand $s = 0$ und im on-Zustand $s = 1$ beträgt.

3.3 Komplette Netzwerkgleichungen

Nachdem wir einerseits die allgemeinen algebraischen Beziehungen wie Fluss-Balance-Gleichung (4) und Druck-Unterschied-Gleichung (5) und andererseits die Gleichungen für einzelne Elemente des Netzwerks (6),(10),(11) erarbeitet haben, fügen wir sie zu einer DAE zusammen [9]. Hierbei definieren wir die weiteren Konstanten:

$$S = diag\{\frac{L_i}{\hat{A}_i}\}, \quad C = diag\{\frac{L_i}{\rho}\frac{\lambda_i}{2D_i\hat{A}_i^2}\} \in \mathbb{R}^{n_P \times n_P},$$

$$(H)_i = -L\rho g \sin(\alpha_i) \in \mathbb{R}^{n_P},$$

wobei $n_P \leqslant n_E$ die Anzahl der Rohre (Pipes) ist und $i = 1, \ldots, n_P$. Da die Einträge der Diagonalmatrix S stets positiv sind, ist diese Matrix positiv definit. Wir erhalten eine komplette Netzwerkgleichung, die ein gekoppeltes System aus gewöhnlichen Differentialgleichungen und algebraischen Gleichungen darstellt:

$$A_P^T m_P + A_V^T m_V = \begin{pmatrix} q_s \\ q_{sRes} \\ q_{sT} \end{pmatrix} \qquad (12)$$

$$q_{sT} = K(p_T)\frac{d}{dt}p_T \qquad (13)$$

$$s(A_V \begin{pmatrix} p_J \\ p_s \\ p_T \end{pmatrix} - f_v(m_V)) + (1-s)m_v = 0 \qquad (14)$$

$$S\partial_t m_P + A_P \begin{pmatrix} p_J \\ p_s \\ p_T \end{pmatrix} + Cm_P|m_P| = H. \qquad (15)$$

Die Untersuchungen im Rahmen des BMBF-Forschungsprojektes ONSOPT *Online-Simulation und Online-Optimierung zur energieeffizienten Pumpensteuerung in Trinkwasserverteilungssystemen* an der Humboldt-Universität zu Berlin haben gezeigt, dass dieses System sich in der folgenden Form aufschreiben lässt:

$$Ax'(t) + f(x(t), t, s(x(t), t)) = 0$$

und den *dissection index* 2 besitzt. Da die Analyse und die Berechnung der konsistenten Initialisierung für o.g. System zu kompliziert ist, reduzieren wir das Wassernetzwerk auf Rohre, Junctions und Reservoirs nach dem Ansatz von [6]. Die restlichen Elemente sowohl bei Kanten als auch bei den Knoten werden vernachlässigt. Dies hat auch die folgenden mathematischen Konsequenzen:

- aus $A_V = A_T = 0$ folgt $A = A_P = \begin{pmatrix} A_J & A_{Res} \end{pmatrix} =: \begin{pmatrix} A_r & A_r^p \end{pmatrix}$

- aus $m_v = 0$ folgt $m = m_P$

- aus $q_{sT} = 0$ folgt $q = \begin{pmatrix} q_s \\ q_{sRes} \end{pmatrix}$

- aus $p_T = 0$ folgt $\bar{p} = \begin{pmatrix} p_J \\ p_s \end{pmatrix} =: \begin{pmatrix} p \\ p_s \end{pmatrix}$.

Außerdem definieren wir die Funktion

$$g : \mathbb{R}^{n_E} \to \mathbb{R}^{n_E}$$

$$m \mapsto Cm|m| \text{ mit } C_i := \frac{L_i}{\rho} \frac{\lambda_i}{2D_i \hat{A}_i^2} \text{ für } i = 1, \ldots, n_E.$$

Mit der Term $m|m|$ ist die vektorwertige Funktion gemeint, die sich aus der komponentenweisen Multiplikation von $m_i|m_i|$ ergibt. Somit kommen wir zur *DAE*, die die zentrale Rolle spielt und als AWP formuliert ist:

$$Sm'(t) + A_r p(t) + g(m(t)) = H - A_r^p p_s(t) \tag{16}$$

$$A_r^T m(t) = q_s(t) \tag{17}$$

$$m(t_0) = m_0 \tag{18}$$

$$p(t_0) = p_0. \tag{19}$$

Wir formulieren die Bedingung für eine *konsistente Initialisierung* :

Der Vektor $(y_0, m_0, p_0) \in \mathbb{R}^{n_{N_q}} \times \mathbb{R}^{n_E} \times \mathbb{R}^{n_{N_q}}$ ist eine konsistente Initialisierung, falls existieren Losungen $m \subset C^1(I, \mathbb{R}^{n_E}), p \in C(I, \mathbb{R}^{n_{N_q}})$ von (16),(17) mit $m(t_0) = m_0, p(t_0) = p_0$, und es gilt:

$$\begin{cases} y_0 + A_r p_0 + g(m_0) & = H - A_r^p p_s(t_0) \\ A_r^T m_0 & = q_s(t_0). \end{cases} \tag{20}$$

Dann lässt sich die *DAE* in einer kompakten Form aufschreiben:

$$\tilde{A}(Dz(t))' + b(z(t), t) = 0, \tag{21}$$

wenn wir die folgenden Abkürzungen [6] verwenden:

$$z(t) := \begin{pmatrix} m(t) \\ p(t) \end{pmatrix} \in \mathbb{R}^{n_E \times n_{N_q}}$$

$$\tilde{A} := \begin{pmatrix} I_{n_E} \\ 0 \end{pmatrix} \in \mathbb{R}^{n \times n_E}$$

$$D := \begin{pmatrix} S & 0 \end{pmatrix} \in \mathbb{R}^{n_E \times n}$$

$$\tilde{B} := \begin{pmatrix} 0 & A_r \\ A_r^T & 0 \end{pmatrix}$$

$$\tilde{g}(z(t), t) := \begin{pmatrix} I_{n_E} \\ 0 \end{pmatrix} - \begin{pmatrix} H - A_r^p p_s(t) \\ q_s(t) \end{pmatrix}$$

$$b(z(t), t) := \tilde{B}z(t) + \tilde{g}(z(t), t).$$

12

Diese DAE ist proper formuliert, denn $ker\,\tilde{A} = \{0\}$, $im\,D = \mathbb{R}^{n_E}$, und damit haben wir $ker\,\tilde{A} \oplus im\,D = \mathbb{R}^{n_E}$. Der Projektor $R := I_{n_E}$ erfüllt die Eigenschaften $ker\,R = ker\,\tilde{A}$, $im\,R = im\,D$ und ist konstant, also insbesondere stetig differenzierbar. Analog zu obiger DAE können wir hier auch die Bedingung für die konsistente Initialisierung formulieren.

Der Vektor $(\tilde{y}_0, z_0) \in \mathbb{R}^{n_E} \times \mathbb{R}^n$ ist eine *konsistente Initialisierung* von (21), falls eine Lösung $z \in C_D^1(I, \mathbb{R}^n)$ von (21) mit $z(t_0) = z_0$ existiert und $\tilde{y}_0$ die Gleichung $\tilde{A}\tilde{y}_0 + b(z_0, t_0) = 0$ erfüllt.

Diese DAE ist eine semi-lineare DAE mit dem *dissection index* 2, wobei der Nachweis in [6] zu finden ist.

3.4 Beispiel für ein Wassernetzwerk

Im letzten Abschnitt des Kapitels stelle ich die Modellierung mithilfe eines Beispiels dar. Im Laufe dieser Arbeit werde ich immer auf dieses Beispiel zurückgreifen. Die blauen Knoten sind die Junctions N_q, während die roten Knoten die Reservoirs N_p darstellen.

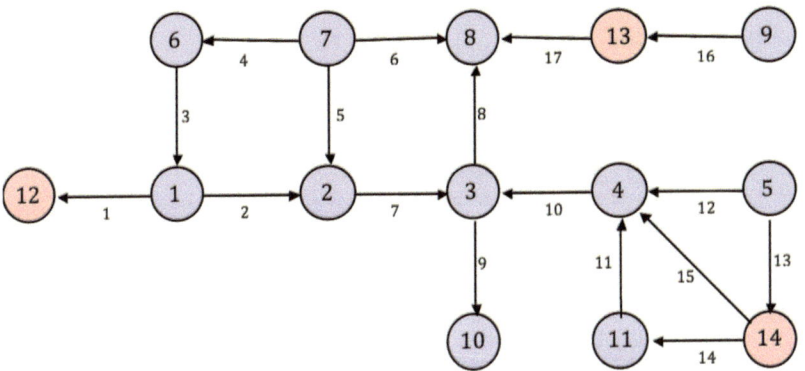

Abbildung 1: Beispielnetzwerk

Diese grafische Darstellung lässt sich also elegant mithilfe der Inzidenzmatrix $A = (A_r | A_r^p) \in \mathbb{R}^{n_E \times n_N}$ abbilden, wobei $n_N = n_{N_q} + n_{N_p}$ mit $n_{N_q} = 11, n_{N_p} = 3$ und $n_E = 17$ ist:

$$
A = \left(\begin{array}{ccccccccccc|ccc}
-1 & 0 & 0 & 0 & 0 & 0 & 0 & 0 & 0 & 0 & 0 & 1 & 0 & 0 \\
-1 & 1 & 0 & 0 & 0 & 0 & 0 & 0 & 0 & 0 & 0 & 0 & 0 & 0 \\
1 & 0 & 0 & 0 & 0 & -1 & 0 & 0 & 0 & 0 & 0 & 0 & 0 & 0 \\
0 & 0 & 0 & 0 & 0 & 1 & -1 & 0 & 0 & 0 & 0 & 0 & 0 & 0 \\
0 & 1 & 0 & 0 & 0 & 0 & -1 & 0 & 0 & 0 & 0 & 0 & 0 & 0 \\
0 & 0 & 0 & 0 & 0 & 0 & -1 & 1 & 0 & 0 & 0 & 0 & 0 & 0 \\
0 & -1 & 1 & 0 & 0 & 0 & 0 & 0 & 0 & 0 & 0 & 0 & 0 & 0 \\
0 & 0 & -1 & 0 & 0 & 0 & 0 & 1 & 0 & 0 & 0 & 0 & 0 & 0 \\
0 & 0 & -1 & 0 & 0 & 0 & 0 & 0 & 0 & 1 & 0 & 0 & 0 & 0 \\
0 & 0 & 1 & -1 & 0 & 0 & 0 & 0 & 0 & 0 & 0 & 0 & 0 & 0 \\
0 & 0 & 0 & 1 & 0 & 0 & 0 & 0 & 0 & 0 & -1 & 0 & 0 & 0 \\
0 & 0 & 0 & 1 & -1 & 0 & 0 & 0 & 0 & 0 & 0 & 0 & 0 & 0 \\
0 & 0 & 0 & 0 & -1 & 0 & 0 & 0 & 0 & 0 & 0 & 0 & 0 & 1 \\
0 & 0 & 0 & 0 & 0 & 0 & 0 & 0 & 0 & 0 & 1 & 0 & 0 & -1 \\
0 & 0 & 0 & 1 & 0 & 0 & 0 & 0 & 0 & 0 & 0 & 0 & 0 & -1 \\
0 & 0 & 0 & 0 & 0 & 0 & 0 & 0 & -1 & 0 & 0 & 0 & 1 & 0 \\
0 & 0 & 0 & 0 & 0 & 0 & 0 & 1 & 0 & 0 & 0 & 0 & -1 & 0
\end{array}\right).
$$

4 Analyse der Netzwerktopologie

In diesem Kapitel analysieren wir zuerst die Netzstruktur mithilfe der Graphentheorie und benutzen diese Erkenntnisse zur Bestimmung von Matrizen für die Entkopplung der DAE. Die theoretischen Untersuchungen werden am zuvor gewählten Beispiel veranschaulicht.

4.1 Splitting der Kanten

In diesem Abschnitt benutzen wir die allgemeinen Begriffe aus der Graphentheorie wie Pfad, Spannbaum, Kreiskante und Fundamentalkreis. Für die Definition dieser Begriff siehe Anhang. Das Verfahren stammt aus [6].

Im zusammenhängenden gerichteten Graph $G(N, E)$ wählen wir einen Spannbaum T und erhalten damit den Untergraphen $G' = (N, E(T))$. Die Menge der zugehörigen Kreiskanten $E(G) \setminus E(T)$ von T in G bezeichnen wir als $E_{red}(T)$. Diese einfache Unterscheidung führt uns zu $E = E(T) \sqcup E_{red}(T)$.

Jeder Kreiskante aus $E_{red}(T)$ können wir genau einen orientierten Fundamentalkreis zuordnen, und wir bezeichnen dessen Menge als $C_T = \{C_1, \ldots, C_{n_{C_T}}\}$. Also haben wir eine Bijektion zwischen $E_{red}(T)$ und C_T mit $|E_{red}(T)| = n_{C_T}$.

Weiterhin bestimmen wir einen Teilgraphen Z von G', so dass wir keinen Pfad zwischen zwei beliebigen Reservoirs aus N_p finden können. Der Pfad mit dieser Eigenschaft wird als Druckpfad bezeichnet. Für diesen Zweck entfernen wir $n_{N_p} - 1$ Kanten aus dem Netz, so dass genau ein Reservoir im Graph $G' = (N, E(T))$ mit *junctions* N_q verbunden ist. Diese Kanten heißen die Pfadkanten und wir notieren sie als $E_{red}(Z)$. Nach der Konstruktion ergibt sich die Aufteilung $E(T) = E(Z) \sqcup E_{red}(Z)$.

Das Hinzufügen einer Pfadkante aus $E_{red}(Z)$ zum Teilgraphen Z induziert einen eindeutig bestimmten Druckpfad in Z. Wir bezeichnen diese induzierten Pfade in Z als Fundamentalpfade und bemerken sie mit $P_Z = \{P_1, \ldots P_{n_{P_Z}}\}$. Jeder Fundamentalpfad P_i bekommt eine Orientierung, so dass es jeweils einen Anfangsknoten und Endknoten gibt. Somit können wir jeder Pfadkante genau einen Fundamentalpfad zuordnen. Somit besteht eine Bijektion zwischen $E_{red}(Z)$ und P_Z mit $|E_{red}(Z)| = n_{P_Z}$.

Da wir die Pfadkanten $E_{red}(Z) \subset E(T)$ gewählt haben und es $E_{red}(T) \cap E(T) = \emptyset$ gilt, ergibt sich $E_{red}(Z) \cap E_{red}(T) = \emptyset$. Aufgrund dessen führen wir eine weitere Notation ein: $E_{red} := E_{red}(T) \sqcup E_{red}(Z)$.

Für jeden Spannbaum T von G gilt nach [2]:

$$n_{N(T)} - 1 = n_E - n_{red}(T)$$

und damit erhalten wir

$$n_{(E \setminus E_{red})} = n_E - n_{red}(T) - n_{red}(Z) = n_{N(T)} - 1 - (n_{N_p} - 1) = n_{N_q}.$$

Somit können wir alle Kanten E in drei disjunkte Mengen unterteilen wie folgt: $E = (E \setminus E_{red}) \sqcup E_{red}(Z) \sqcup E_{red}(T)$.

Für bessere und übersichtlichere Darstellung der Matrizen, die im nächsten Teil definiert werden, sortieren wir die Kanten E wie oben vorgegeben mit

$$E = \{e_1, \ldots, e_{n_{N_q}}; e_{n_{N_q}+1}, \ldots, e_{n_{N_q}+n_{P_Z}}; e_{n_{N_q}+n_{P_Z}+1}, \ldots, e_{n_E}\}. \tag{22}$$

Bemerkung 4.1
Wir können die Kanten aus $E_{red}(T)$ und $E_{red}(Z)$ zwar unterschiedlich wählen, dennoch bleibt deren Anzahl $|E_{red}(T)| = n_{C_T}$ und $|E_{red}(Z)| = n_{P_Z}$ invariant.

4.2 Entkopplungsmatrizen der DAE

In diesem Teil definieren wir die Matrizen, die in der Entkopplung der *DAE* {(16),(17)} eine große Rolle spielen und berechnen einige wichtige Eigenschaften von ihnen. Die Wahl dieser Matrizen ist durch die Bestimmung der assoziierten Basisfunktionen beim *dissection index* begründet, siehe mehr dazu in [6].

Die Kreismatrix $A_C \in \mathbb{R}^{n_{C_T} \times n_E}$ vom Spannbaum T in G beschreibt den Zusammenhang zwischen den Fundamentalkreisen und den Kanten $e_j \in E$ mit

$$(A_C)_{ij} = \begin{cases} +1, & \text{falls } e_j \text{ gleichorientiert ist wie } C_i \\ -1, & \text{falls } e_j \text{ entgegengesetzt orientiert ist wie } C_i \\ 0, & \text{falls } e_j \notin E(C_i), \end{cases} \tag{23}$$

wobei $i = 1, \ldots, n_{C_T}$ und $j = 1, \ldots, n_E$ sind.
Die nächste Matrix ist die Pfadmatrix $A_P \in \mathbb{R}^{n_{P_Z} \times n_E}$ von Z mit Einträgen

$$(A_P)_{kl} = \begin{cases} +1, & \text{falls } e_l \text{ gleichorientiert ist wie } P_k \\ -1, & \text{falls } e_l \text{ entgegengesetzt orientiert ist wie } P_k \\ 0, & \text{falls } e_l \notin E(P_k), \end{cases} \tag{24}$$

wobei $k = 1, \ldots, n_{P_Z}$ und $l = 1, \ldots, n_E$ sind.
Weiterhin definieren wir zwei weiteren Matrizen als

$$A_{PC} = \begin{pmatrix} A_P \\ A_C \end{pmatrix} \in \mathbb{R}^{n_{E_{red}} \times n_E} \quad \text{und} \quad A_t = \begin{pmatrix} I_{n_{N_q}} & 0 \end{pmatrix} \in \mathbb{R}^{n_{N_q} \times n_E}.$$

Nun definieren wir die Matrizen für die Entkopplung und bestimmen deren Eigenschaften.

Lemma 4.2
Es gelten folgende Eigenschaften für die Matrizen:

(i) *die Matrix $R = \begin{pmatrix} A_t \\ A_{PC} \end{pmatrix} \in \mathbb{R}^{n_E \times n_E}$ ist regulär,*

(ii) *die Matrix $A_t A_r \in \mathbb{R}^{n_{N_q} \times n_{N_q}}$ ist regulär und es gilt $A_{PC} A_r = 0$.*

Beweis:
(i) Im *ersten Schritt* beweise ich, dass die sich Matrix R in der Block-Matrix-Form

$$R = \begin{pmatrix} & E \setminus E_{red} & E_{red}(Z) & E_{red}(T) \\ \hline A_t & R_1 & 0 & 0 \\ A_P & M_1 & R_2 & 0 \\ A_C & M_2 & M_3 & R_3 \end{pmatrix} \tag{25}$$

darstellen lässt, wobei es sich bei R_1, R_2, R_3 um reguläre quadratische Matrizen und bei M_1, M_2, M_3 um beliebige Matrizen handelt. Es ist leicht zu sehen, dass ich die Teilmatrizen einerseits nach verschiedenen Kanten aus E und andererseits nach Kreiskanten A_C und Fundamentalpfaden A_P ordnen kann.

Die erste Zeile $A_t = \begin{pmatrix} R_1 & 0 & 0 \end{pmatrix}$ enthält $R_1 = I_{n_{N_q}}$ regulär. Außerdem besitzt A_t den vollen Zeilenrang.

In der zweiten Zeile $A_P = \begin{pmatrix} M_1 & R_2 & 0 \end{pmatrix}$ betrachte ich den Zusammenhang (24) zwischen den Fundamentalpfaden $P_k \in P_Z$ und verschiedenen Kanten E. Da ich die Fundamentalpfade aus $G' = (N, E(T))$ wähle und ich für die Kreiskanten $E_{red}(T)$ bereits $E_{red}(T) \cap E(T) = \emptyset$ weiß, kann ich die dritte Matrix in dieser Zeile als Nullmatrix setzen. Die Matrix $R_2 \in \mathbb{R}^{n_{P_Z} \times n_{P_Z}}$ ist regulär, da zwischen den Fundamentalpfaden und Pfadkanten eine Bijektion besteht. Also lässt sich die Matrix R_2 als eine Permutationsmatrix mit Einträgen aus $\{\pm 1\}$ darstellen, wobei das Vorzeichen von der Orientierung des Fundamentalpfades abhängig ist. Über die Matrix M_1 kann ich keine genaue Angaben machen.

Die dritte Zeile $A_C = \begin{pmatrix} M_2 & M_3 & R_3 \end{pmatrix}$ stellt die Verbindung (23) der Fundamentalkreisen aus C_T zu den Kanten E dar. Nach der vorherigen Analyse ist es mir bekannt, dass es zwischen den Fundamentalkreisen und den Kreiskanten eine Bijektion gibt. Folglich kann ich die Matrix $R_3 \in \mathbb{R}^{n_{C_T} \times n_{C_T}}$ analog zu R_2 als eine Permutationsmatrix mit Einträgen aus $\{\pm 1\}$ darstellen. Für die restlichen Teilmatrizen M_1, M_2 kann ich ohne zusätzliche Annahmen keine Aussagen machen.

Da die Matrizen R_1, R_2, R_3 regulär sind, ist die gesamte Matrix R auch regulär. Weiterhin hat die Matrix A_{PC} wegen der Regularität von R_2 und R_3 vollen Zeilenrang.

Im *zweiten Schritt* berechne ich die Inversenmatrix von R (25). Der allgemeine Ansatz lautet:

$$R^{-1} = \begin{pmatrix} I_{n_{N_q}} & 0 & 0 \\ X & R_2^{-1} & 0 \\ Y & Z & R_3^{-1} \end{pmatrix}.$$

Durch das Einsetzen in die einfachen Gleichungen $RR^{-1} = I$ und $R^{-1}R = I$ erhalte ich:

$$R^{-1} = \begin{pmatrix} I_{n_{N_q}} & 0 & 0 \\ -R_2^{-1}M_1 & R_2^{-1} & 0 \\ R_3^{-1}(M_3 R_2^{-1} M_1 - M_2) & -R_3^{-1}M_3 R_2^{-1} & R_3^{-1} \end{pmatrix}. \qquad (26)$$

Somit habe ich explizit die Inversenmatrix R^{-1} berechnet.

Im *letzten Schritt* betrachtete ich die Permutationsmatrizen R_2 und R_3 mit Einträgen aus $\{\pm 1\}$, die sich zu den Einheitsmatrizen I transformieren lassen. Um die Einträge $\{-1\}$ zu eliminieren, stelle ich die zwei Bedingungen:

- gleiche Orientierung der Fundamentalpfade $P_k \in P_Z$ und der dazugehörigen Pfadkanten aus $E_{red}(Z)$

- gleiche Orientierung der Fundamentalkreise $C_i \in P_Z$ und der dazugehörigen Kreiskanten aus $E_{red}(T)$.

Weiterhin permutiere ich die Nummerierung der Fundamentalpfade P_k und der Fundamentalkreise C_i, so dass ich für eine vorher fest gewählte Nummerierung der Kanten E (22) eine optimale Nummerierung bekomme, d.h. $E_{red}(Z) \ni e_{n_{N_q}+k} \mapsto P_k$ und analog $E_{red}(T) \ni e_{n_{N_q}+n_{P_Z}+i} \mapsto C_i$. Durch diese

Permutation σ erhalte ich die *permutierten Matrizen*

$$R_\sigma = \begin{pmatrix} R_1 & 0 & 0 \\ M_1 & I_{n_{P_Z}} & 0 \\ M_2 & M_3 & I_{n_{C_T}} \end{pmatrix} \tag{27}$$

und

$$R_\sigma^{-1} = \begin{pmatrix} I_{n_{N_q}} & 0 & 0 \\ -M_1 & I_{n_{P_Z}} & 0 \\ M_3 M_1 - M_2 & -M_3 & I_{n_{C_T}} \end{pmatrix}. \tag{28}$$

Auch bei den Matrizen M_1, M_2, M_3 werden einige Zeilen permutiert und mit -1 multipliziert. Ich verzichte hiermit auf deren neue Bezeichnungen.
(ii) der Nachweis findet sich in [6].

∎

4.3   Analyse der Netzwerktopologie - Beispiel

In diesem Abschnitt veranschauliche ich die graphentheoretischen Konzepte und die Entkopplungsmatrizen mithilfe des zuvor gewählten Beispiels.

Im ersten Schritt lege ich die Kanten $e_5, e_8, e_{12}, e_{15} \in E$ des Wassernetzwerks als Kreiskanten $E_{red}(T)$ fest. Sie sind in der Abb. 2 die gestrichelten Linien. Jeder dieser Kreiskante ordne ich jeweils einen Fundamentalkreis aus C_T zu, also $e_5 \in C_1$, $e_8 \in C_2$, $e_{12} \in C_4$, $e_{15} \in C_3$, die ich sie in blauer Farbe mit Orientierungspfeilen gezeichnet habe.

Im zweiten Schritt wähle ich die Kanten e_{14}, e_{17} als Menge der Pfadkanten $E_{red}(Z)$ und kann die Fundamentalpfade aus P_Z eintragen, wobei e_{17} zu P_1 und e_{14} zu P_2 gehören Die Pfadkanten sind dünngestrichelt und die Fundamentalpfade sind in rot gezeichnet.

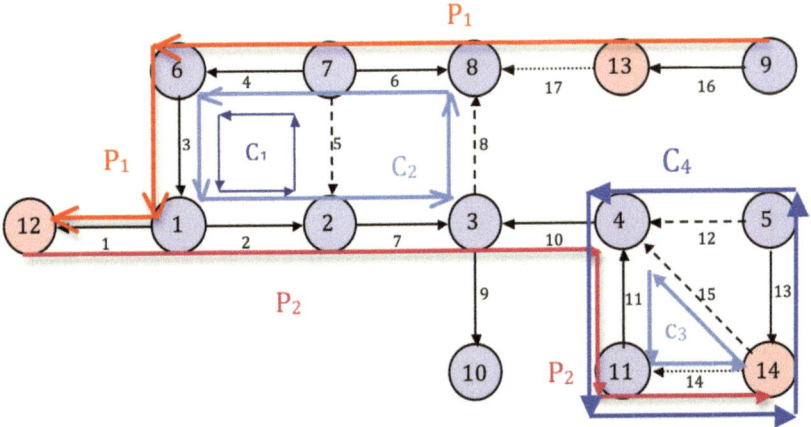

Abbildung 2: Netzwerkanalyse

Schließlich sortiere ich die Kantennummern nach dem Schema (22) mithilfe von $\tau = \begin{pmatrix} 5 & 14 & 13 \end{pmatrix}\begin{pmatrix} 12 & 16 & 8 & 17 \end{pmatrix}$. Somit erhalten wir nächste Netzwerk in der Abb. 3:

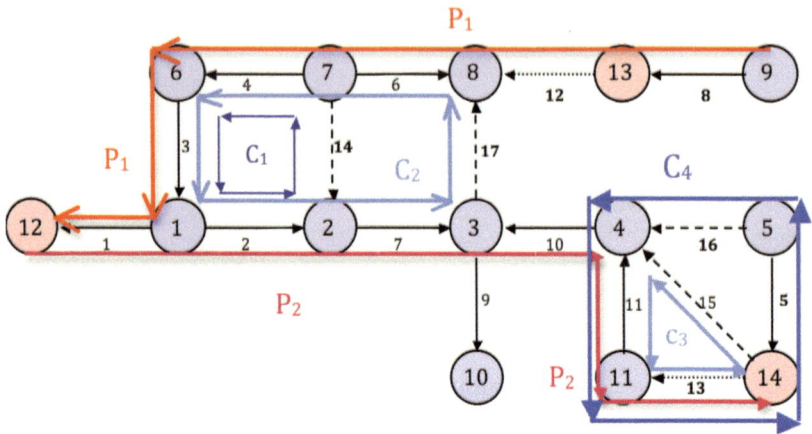

Abbildung 3: Netzwerkanalyse nach der Umnummerierung der Kanten τ

Auf dieser Grundlage betrachte ich die definierte Matrix R (25):

$$R = \left(\begin{array}{rrrrrrrrrrr|rr|rrrr}
1 & 0 & 0 & 0 & 0 & 0 & 0 & 0 & 0 & 0 & 0 & 0 & 0 & 0 & 0 & 0 & 0 \\
0 & 1 & 0 & 0 & 0 & 0 & 0 & 0 & 0 & 0 & 0 & 0 & 0 & 0 & 0 & 0 & 0 \\
0 & 0 & 1 & 0 & 0 & 0 & 0 & 0 & 0 & 0 & 0 & 0 & 0 & 0 & 0 & 0 & 0 \\
0 & 0 & 0 & 1 & 0 & 0 & 0 & 0 & 0 & 0 & 0 & 0 & 0 & 0 & 0 & 0 & 0 \\
0 & 0 & 0 & 0 & 1 & 0 & 0 & 0 & 0 & 0 & 0 & 0 & 0 & 0 & 0 & 0 & 0 \\
0 & 0 & 0 & 0 & 0 & 1 & 0 & 0 & 0 & 0 & 0 & 0 & 0 & 0 & 0 & 0 & 0 \\
0 & 0 & 0 & 0 & 0 & 0 & 1 & 0 & 0 & 0 & 0 & 0 & 0 & 0 & 0 & 0 & 0 \\
0 & 0 & 0 & 0 & 0 & 0 & 0 & 1 & 0 & 0 & 0 & 0 & 0 & 0 & 0 & 0 & 0 \\
0 & 0 & 0 & 0 & 0 & 0 & 0 & 0 & 1 & 0 & 0 & 0 & 0 & 0 & 0 & 0 & 0 \\
0 & 0 & 0 & 0 & 0 & 0 & 0 & 0 & 0 & 1 & 0 & 0 & 0 & 0 & 0 & 0 & 0 \\
0 & 0 & 0 & 0 & 0 & 0 & 0 & 0 & 0 & 0 & 1 & 0 & 0 & 0 & 0 & 0 & 0 \\ \hline
1 & 0 & 1 & 1 & 0 & -1 & 0 & 0 & 0 & 0 & 0 & 1 & 0 & 0 & 0 & 0 & 0 \\
-1 & 1 & 0 & 0 & 0 & 0 & 1 & 0 & 0 & -1 & -1 & 0 & -1 & 0 & 0 & 0 & 0 \\ \hline
0 & 1 & 1 & 1 & 0 & 0 & 0 & 0 & 0 & 0 & 0 & 0 & 0 & -1 & 0 & 0 & 0 \\
0 & 1 & 1 & 1 & 0 & -1 & 1 & 0 & 0 & 0 & 0 & 0 & 0 & 0 & 0 & 0 & 1 \\
0 & 0 & 0 & 0 & 0 & 0 & 0 & 0 & 0 & 0 & -1 & 0 & -1 & 0 & 1 & 0 & 0 \\
0 & 0 & 0 & 0 & -1 & 0 & 0 & 0 & 0 & 0 & -1 & 0 & -1 & 0 & 0 & 1 & 0
\end{array}\right)$$

Ich kann folgende Transformation im Netzwerk durchführen:

- die Orientierung des Fundamentalpfades P_2 wird entgegensetzt
- die Orientierung des Fundamentalkreises C_1 wird entgegensetzt
- die Nummerierung der Fundamentalkreise wird mit $\sigma = \begin{pmatrix} C_3 & C_2 & C_4 \end{pmatrix}$ permutiert.

Somit erhalte ich die *permutierte Matrix* R_σ (27) mit

$$
R_\sigma =
\left(
\begin{array}{ccccccccccc|cc|cccc}
1 & 0 & 0 & 0 & 0 & 0 & 0 & 0 & 0 & 0 & 0 & 0 & 0 & 0 & 0 & 0 & 0 \\
0 & 1 & 0 & 0 & 0 & 0 & 0 & 0 & 0 & 0 & 0 & 0 & 0 & 0 & 0 & 0 & 0 \\
0 & 0 & 1 & 0 & 0 & 0 & 0 & 0 & 0 & 0 & 0 & 0 & 0 & 0 & 0 & 0 & 0 \\
0 & 0 & 0 & 1 & 0 & 0 & 0 & 0 & 0 & 0 & 0 & 0 & 0 & 0 & 0 & 0 & 0 \\
0 & 0 & 0 & 0 & 1 & 0 & 0 & 0 & 0 & 0 & 0 & 0 & 0 & 0 & 0 & 0 & 0 \\
0 & 0 & 0 & 0 & 0 & 1 & 0 & 0 & 0 & 0 & 0 & 0 & 0 & 0 & 0 & 0 & 0 \\
0 & 0 & 0 & 0 & 0 & 0 & 1 & 0 & 0 & 0 & 0 & 0 & 0 & 0 & 0 & 0 & 0 \\
0 & 0 & 0 & 0 & 0 & 0 & 0 & 1 & 0 & 0 & 0 & 0 & 0 & 0 & 0 & 0 & 0 \\
0 & 0 & 0 & 0 & 0 & 0 & 0 & 0 & 1 & 0 & 0 & 0 & 0 & 0 & 0 & 0 & 0 \\
0 & 0 & 0 & 0 & 0 & 0 & 0 & 0 & 0 & 1 & 0 & 0 & 0 & 0 & 0 & 0 & 0 \\
0 & 0 & 0 & 0 & 0 & 0 & 0 & 0 & 0 & 0 & 1 & 0 & 0 & 0 & 0 & 0 & 0 \\ \hline
1 & 0 & 1 & 1 & 0 & -1 & 0 & 0 & 0 & 0 & 0 & 1 & 0 & 0 & 0 & 0 & 0 \\
1 & -1 & 0 & 0 & 0 & 0 & -1 & 0 & 0 & 1 & 1 & 0 & 1 & 0 & 0 & 0 & 0 \\ \hline
0 & -1 & -1 & -1 & 0 & 0 & 0 & 0 & 0 & 0 & 0 & 0 & 0 & 1 & 0 & 0 & 0 \\
0 & 0 & 0 & 0 & 0 & 0 & 0 & 0 & 0 & 0 & -1 & 0 & -1 & 0 & 1 & 0 & 0 \\
0 & 0 & 0 & 0 & -1 & 0 & 0 & 0 & 0 & 0 & -1 & 0 & -1 & 0 & 0 & 1 & 0 \\
0 & 1 & 1 & 1 & 0 & -1 & 1 & 0 & 0 & 0 & 0 & 0 & 0 & 0 & 0 & 0 & 1
\end{array}
\right)
$$

Diese Permutation der Matrix R spiegelt sich im Netzwerk wider, siehe Abb. 4:

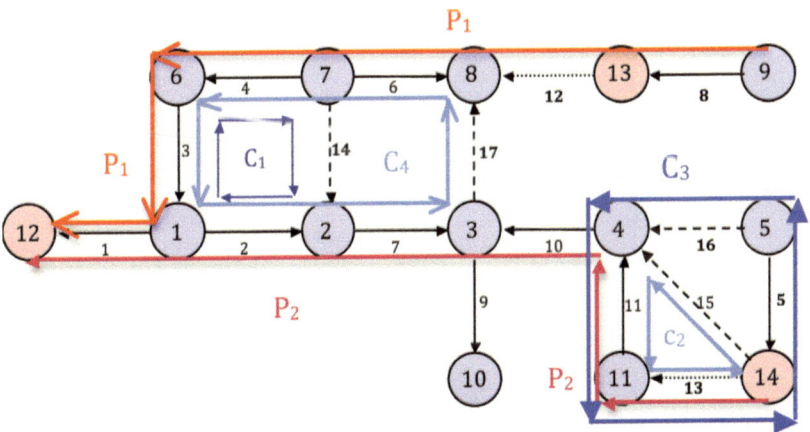

Abbildung 4: Netzwerkanalyse nach Umnummerierung der Kanten und Transformation des Netzwerks

Somit kann ich bei der Entkopplung der DAE im nächsten Kapitel die Matrix $R = R_\sigma$ (27) o.B.d.A. setzen, da ich bei der Analyse der Netzwerktopologie die Fundamentalpfade und Fundamentalkreise passend wählen kann wie oben beschrieben.

5 Lösung der DAE

In diesem Kapitel entkoppeln wir die *DAE* mithilfe der *permutierten Matrix R* zu einem System bestehend aus einer *ODE* und zwei algebraischen Gleichungen. Mithilfe dieses Systems können wir die konsistente Initialisierung angeben und die Lösung der *DAE* konstruieren. Anschließend wird die Lösung für das konsistente AWP in mehreren Schritten nachgewiesen.

5.1 Koordinatentransformation

In diesem Abschnitt betrachten wir die Koordinatentransformation [6] von m mithilfe der regulären Matrix R aus dem vorherigen Kapitel.

Sei die Matrix $R^T = \begin{pmatrix} A_t^T & A_{PC}^T \end{pmatrix}$ gegeben, dann können wir die Funktionen $m_1 \in C^1(I, \mathbb{R}^{n_{N_q}})$, $m_2 \in C^1(I, \mathbb{R}^{n_{E_{red}}})$ finden, so dass es gilt:

$$m(t) = R^T \begin{pmatrix} m_1(t) \\ m_2(t) \end{pmatrix} = A_t^T m_1(t) + A_{PC}^T m_2(t). \tag{29}$$

Diese Gleichung kann ich auch komponentenweise aufschreiben, indem ich die Vektoren m und m_2 wie folgt splitte:

- $m = \begin{pmatrix} m^{(1)} \\ m^{(2)} \\ m^{(3)} \end{pmatrix} \in \mathbb{R}^{n_{N_q} \times n_{P_Z} \times n_{C_T}}$

- $m_2 = \begin{pmatrix} m_{21} \\ m_{22} \end{pmatrix} \in \mathbb{R}^{n_{P_Z} \times n_{C_T}}.$

Somit lässt sich die Gleichung (29) umformulieren zu:

$$\begin{cases} m^{(1)}(t) = I_{n_{N_q}} m_1(t) + M_1^T m_{21}(t) + M_2^T m_{22}(t) \\ m^{(2)}(t) = I_{n_{P_Z}} m_{21}(t) + M_3^T m_{22}(t) \\ m^{(3)}(t) = I_{n_{C_T}} m_{22}(t). \end{cases} \tag{30}$$

Umgekehrt kann ich mithilfe der expliziten Darstellung von R^{-T} die inverse Koordinatentransformation durchführen, also die Komponenten m_1, m_{21}, m_{22} berechnen:

$$\begin{cases} m_1(t) & = I_{n_{N_q}} m^{(1)}(t) - M_1^T m^{(2)}(t) + (M_1^T M_3^T - M_2^T) m^{(3)}(t) \\ m_{21}(t) & = I_{n_{P_Z}} m^{(2)}(t) - M_3^T m^{(3)}(t) \\ m_{22}(t) & = I_{n_{C_T}} m^{(3)}(t). \end{cases} \tag{31}$$

Somit kann ich jederzeit zwischen den beiden Koordinatensystemen mithilfe der Matrix R^T wechseln, was sich später als sehr nützlich erweist.

In den nächsten Teilen benutze ich die folgende Notation von Anfangswerten:

- $m_1^0, m_{21}^0, m_{22}^0$ für die Funktionen m_1, m_{21}, m_{22}

- $m^{(1),0}, m^{(2),0}, m^{(3),0}$ für die Funktionen $m^{(1)}, m^{(2)}, m^{(3)}$.

5.2 Entkopplung der DAE

In diesem Teil werden wir die *DAE* entkoppeln und das neue Gleichungssystem auf die Eigenschaften untersuchen [6]. Nach der Anwendung der Koordinatentransformation (29) auf die *DAE*-Gleichung (17) erhalten wir wegen Lemma 4.2(ii)

$$A_r^T m = A_r^T (A_t^T m_1 + A_{PC}^T m_2) = A_r^T A_t^T m_1 = q_s.$$

Weiterhin definieren wir die Funktion $\bar{r}(t) := H - A_r^p p_s(t)$. Durch die jeweilige Multiplikation der *DAE*-Gleichung (16) von links mit A_t und A_{PC} und unter Verwendung der Koordinatentransformation (29) erhalten wir:

$$Sm'(t) + A_r p(t) + g(m(t)) = \bar{r}(t)$$

$$\Leftrightarrow \begin{cases} A_t S(A_t^T m_1 + A_{PC}^T m_2)' + A_t A_r p + A_t g(A_t^T m_1 + A_{PC}^T m_2) = A_t \bar{r}(t) \\ A_{PC} S(A_t^T m_1 + A_{PC}^T m_2)' + A_{PC} g(A_t^T m_1 + A_{PC}^T m_2) = A_{PC} \bar{r}(t) \end{cases}$$

$$\Leftrightarrow \begin{cases} (A_t A_r) p(t) = A_t \{ \bar{r}(t) - S(A_t^T m_1(t) + A_{PC}^T m_2(t))' - g(A_t^T m_1(t) + A_{PC}^T m_2(t)) \} \\ (A_{PC} S A_{PC}^T) m_2'(t) = A_{PC} \{ \bar{r}(t) - S A_t^T m_1'(t) - g(A_t^T m_1(t) + A_{PC}^T m_2(t)) \}. \end{cases}$$

Die Matrix $A_t A_r$ ist nach Lemma 4.2(ii) nicht-singulär. Da die Diagonalmatrix S positiv definit ist und A_{PC} nach Lemma 4.2(i) vollen Zeilenrang besitzt, ist die Matrix $A_{PC} S A_{PC}^T \in \mathbb{R}^{n_{Ered} \times n_{Ered}}$ auch nicht-singulär.
Somit erhalten wir *das entkoppelte System*:

$$m_1(t) = (A_r^T A_t^T)^{-1} q_s(t) \tag{32}$$

$$m_2'(t) = (A_{PC} S A_{PC}^T)^{-1} A_{PC} \{ \bar{r}(t) - S A_t^T m_1'(t) - g(A_t^T m_1(t) + A_{PC}^T m_2(t)) \} \tag{33}$$

$$p(t) = (A_t A_r)^{-1} A_t \{ \bar{r}(t) - S A_t^T m_1(t) - S A_{PC}^T m_2(t)' - g(A_t^T m_1(t) + A_{PC}^T m_2(t)) \} \tag{34}$$

Dieses System besteht aus einer ODE (33) und zwei algebraische Gleichungen (32),(34). Das lineare Gleichungssystem (32) können wir mit relativ wenig Aufwand berechnen, da die Matrix $A_t A_r$ eine Sparse-Matrix ist [6]. Für die übersichtliche Notation definieren wir die Funktion

$$\bar{g}(t, m_2(t)) = g(A_t^T (A_r^T A_t^T)^{-1} q_s(t) + A_{PC}^T m_2(t)). \tag{35}$$

Weiterhin existiert eine eindeutige globale Lösung auf ganz I für das folgende *ODE*-AWP mit einem beliebigen Anfangswert $m_2^0 \in \mathbb{R}^{n_{Ered}}$

$$\begin{cases} m_2'(t) &= (A_{PC} S A_{PC}^T)^{-1} A_{PC} \{ \bar{r}(t) - S A_t^T m_1'(t) - \bar{g}(t, m_2(t)) \} =: F(t, m_2(t)) \\ m_2(t_0) &= m_2^0, \end{cases}$$

$$\tag{36}$$

da die Funktion F stetig differenzierbar und somit lokal Lipschitz-stetig bzgl. m_2 für alle $t \in I$ ist [6]. Damit berechnen wir die Druckfunktion $p(t)$ nach (34). Die Anfangswerte m_1^0 und p_0 sind durch die algebraische Bedingungen (32),(34) und bereits gewählten Anfangswert m_2^0 fixiert, also

$$m_1^0 = m_1(t_0) = (A_r^T A_t^T)^{-1} q_s(t_0) \tag{37}$$

$$p_0 = (A_t A_r)^{-1} A_t \{ \bar{r}(t_0) - S A_t^T (A_r^T A_t^T)^{-1} q_s'(t_0) - A_{PC}^T F(t_0, m_2^0) - \bar{g}(t_0, m_2^0) \}. \tag{38}$$

Somit können wir sehen, dass das System $\{(16),(17)\}$ und *das entkoppelte System* $\{(32), (33), (34)\}$ *äquivalent sind*. Damit hat das DAE-AWP $\{(16),(17),(18),(38)\}$ die eindeutige globale Lösung auf dem Zeitintervall I genau dann, wenn das ODE-AWP (36) für ein beliebiges $m_2^0 \in \mathbb{R}^{n_{E_{red}}}$ eine eindeutige globale Lösung auf I besitzt.

5.3 Check der berechneten Lösung

In diesem Teil gebe ich die konsistente Initialisierung an, berechne die explizite Lösung vom AWP und überprüfe sie auf Korrektheit. Durch die Eigenschaften *des entkoppelten Systems* und die inverse Koordinatentransformation (31) kann ich auf die konsistente Anfangswerte schließen.

Lemma 5.1 (Konsistente Anfangswerte der DAE (16), (17))
(a) *die Anfangswerte* $m^{(2),0} \in \mathbb{R}^{n_{P_Z}}$ *und* $m^{(3),0} \in \mathbb{R}^{n_{C_T}}$ *sind frei wählbar, das sind die Flusse auf den Pfaden* $E_{red}(Z)$ *und Kreiskanten* $E_{red}(T)$*;*

(b) *der Anfangswert* $m^{(1),0}$ *ist fixiert durch die Funktion* q_s *und* $m^{(2),0}, m^{(3),0}$:
$$m^{(1),0} = (A_r^T A_t^T)^{-1} q_s(t_0) + M_1^T m^{(2),0} + (M_2^T - M_1^T M_3^T) m^{(3),0} \in \mathbb{R}^{n_{E \setminus E_{red}}},$$
das betrifft die restlichen Kanten $E \setminus E_{red}$*;*

(c) *der Anfangswert* p_0 *ist mit* $m^{(2),0}, m^{(3),0}$ *bereits fixiert.*

Beweis:
(a) wegen (30) sind $m^{(3),0} = m_{22}^0$ und $m^{(2),0} = m_{21}^0 + M_3^T m_{22}^0$ frei wählbar;
(b) wegen (30), (31) gilt es $m^{(1),0} = m_1^0 + M_1^T m_{21}^0 + M_2^T m_{22}^0$
$= (A_r^T A_t^T)^{-1} q_s(t_0) + M_1^T m^{(2),0} + (M_2^T - M_1^T M_3^T) m^{(3),0}$;
(c) setze $m_2^0 = \begin{pmatrix} m_{21}^0 & m_{22}^0 \end{pmatrix}^T = \begin{pmatrix} m^{(2),0} - M_3^T m^{(3),0} & m^{(3),0} \end{pmatrix}^T$ in (38) ein.

■

Satz 5.2 (Lösung der DAE + konsistente Initialisierung)
Sei das unten aufgeführte DAE-AWP proper formuliert und konsistent:

$$\begin{cases} Sm'(t) + A_r p(t) + g(m(t)) = \bar{r}(t) & (16) \\ A_r^T m(t) = q_s(t) & (17) \\ m(t_0) = m_0 & (18) \\ p(t_0) = p_0 & (38). \end{cases}$$

Dann gibt es eine eindeutige Lösung vom AWP auf I mit folgender Konstruktion:

1. *Wahl der konsistenten Anfangswerte nach Lemma 5.1 mit der Berechnung des Anfangswertes des entkoppelten Systems*
   $m_2^0 = \begin{pmatrix} m_{21}^0 & m_{22}^0 \end{pmatrix}^T = \begin{pmatrix} m^{(2),0} - M_3^T m^{(3),0} & m^{(3),0} \end{pmatrix}^T$ *nach (30).*

2. *Berechnung der Lösung der ODE (33) $m_2 \in C^1(I)$ mit $m_2(t_0) = m_2^0$.*

3. *Definition von $m_1(t) := (A_r^T A_t^T)^{-1} q_s(t)$, wobei es $q_s \in C^1(I)$ und $m_1^0 = m_1(t_0) = (A_r^T A_t^T)^{-1} q_s(t_0)$ gilt.*

4. *Definition der Flussfunktion $m(t) := A_t^T m_1(t) + A_{PC}^T m_2(t)$.*

23

5. *Definition der Druckfunktion*
$$p(t) := (A_t A_r)^{-1} A_t \{\bar{r}(t) - S(A_t^T m_1(t) + A_{PC}^T m_2(t))' - \bar{g}(t, m_2(t))\}.$$

6. mit $y_0 := S(A_r^T A_t^T)^{-1} q_s'(t_0) + S A_{PC}^T F(t_0, m_2^0)$ *können wir eine konsistente Initialisierung (y_0, m_0, p_0) der DAE angeben.*

Beweis:

Schritt 0: Die DAE ist proper formuliert, siehe Abschnitt 3.3.

Schritt 1: zu zeigen, dass m und p die Gleichungen $\{(16),(17)\}$ erfüllen.

Also gilt es $S A_{PC}^T (A_{PC} S A_{PC}^T)^{-1} A_{PC} = I$ wegen des vollen Zeilenranges von A_{PC} und damit

- $A_r^T m = A_r^T (A_t^T m_1 + A_{PC}^T m_2) = A_r^T A_t^T m_1 = q_s$ und

- $S m'(t) + A_r p(t) + g(m(t)) - \bar{r}(t)$

$= S A_t^T m_1'(t) + S A_{PC}^T m_2'(t) + A_r p(t) + g(m(t)) - \bar{r}(t)$

$= S A_t^T m_1'(t) + S A_{PC}^T (A_{PC} S A_{PC}^T)^{-1} A_{PC} \{\bar{r}(t) - S A_t^T m_1'(t) - \bar{g}(t, m_2(t))\}$

$+ A_r (A_t A_r)^{-1} A_t \{\bar{r}(t) - S(A_t^T m_1(t) + A_{PC}^T m_2(t))' - \bar{g}(t, m_2(t))\} + \bar{g}(t, m_2(t)) - \bar{r}(t)$

$= A_r (A_t A_r)^{-1} A_t \{\bar{r}(t) - S A_t^T m_1'(t) - \bar{g}(t, m_2(t))\} - A_r (A_t A_r)^{-1} A_t S A_{PC}^T m_2'(t)$

$= A_r (A_t A_r)^{-1} A_t \{\bar{r}(t) - S A_t^T m_1'(t) - \bar{g}(t, m_2(t))\}$

$- A_r (A_t A_r)^{-1} A_t S A_{PC}^T (A_{PC} S A_{PC}^T)^{-1} A_{PC} \{\bar{r}(t) - S A_t^T m_1'(t) - \bar{g}(t, m_2(t))\}$

$= A_r (A_t A_r)^{-1} A_t \{\bar{r}(t) - S A_t^T m_1'(t) - \bar{g}(t, m_2(t)) - \bar{r}(t) + S A_t^T m_1'(t) + \bar{g}(t, m_2(t))\} = 0.$

Schritt 2: zu zeigen, dass die Gleichung (18) erfüllt ist. Also gilt es

$$m(t_0) = A_r^T m_1(t_0) + A_{PC}^T m_2(t_0) = R^T \begin{pmatrix} m_1(t_0) \\ m_{21}(t_0) \\ m_{22}(t_0) \end{pmatrix}$$

$$= \begin{pmatrix} m_1(t_0) + M_1^T m_{21}(t_0) + M_2^T m_{22}(t_0) \\ m_{21}(t_0) + M_3^T m_{22}(t_0) \\ m_{22}(t_0) \end{pmatrix} = \begin{pmatrix} m_1^0 + M_1^T m_{21}^0 + M_2^T m_{22}^0 \\ m_{21}^0 + M_3^T m_{22}^0 \\ m_{22}^0 \end{pmatrix}$$

$$= \begin{pmatrix} (A_r^T A_t^T)^{-1} q_s(t_0) + M_1^T (m^{(2),0} - M_3^T m^{(3),0}) + M_2^T m^{(3),0} \\ (m^{(2),0} - M_3^T m^{(3),0}) + M_3^T m^{(3),0} \\ m^{(3),0} \end{pmatrix} = m_0.$$

Schritt 3: zu zeigen, dass die Gleichung (38) erfüllt ist. Also gilt es

$$p(t_0) = (A_t A_r)^{-1} A_t \{\bar{r}(t_0) - S A_t^T m_1'(t_0) - S A_{PC}^T m_2'(t_0) - \bar{g}(t_0, m_2(t_0))\}$$

$$= (A_t A_r)^{-1} A_t \{\bar{r}(t_0) - S A_t^T (A_r^T A_t^T)^{-1} q_s'(t_0) - S A_{PC}^T F(t, m_2(t_0)) - \bar{g}(t_0, m_2(t_0))\}$$

$$= (A_t A_r)^{-1} A_t \{\bar{r}(t_0) - S A_t^T (A_r^T A_t^T)^{-1} q_s'(t_0) - S A_{PC}^T F(t, m_2^0) - \bar{g}(t_0, m_2^0)\} = p_0.$$

Schritt 4: zu zeigen, dass (y_0, m_0, p_0) die Gleichungen (20) erfüllt.

Da m_0, p_0 konsistente Anfangswerte sind, $y_0 = S(A_r^T A_t^T)^{-1} q_s'(t_0) + S A_{PC}^T F(t_0, m_2^0)$ ist und es $A_r (A_t A_r)^{-1} A_t = I$ wegen des vollen Zeilenranges von A_t gilt, dann

$$y_0 + g(m_0) - \bar{r}(t_0) + A_r p_0 = S(A_r^T A_t^T)^{-1} q_s'(t_0) + S A_{PC}^T F(t_0, m_2^0) + g(m_0) - \bar{r}(t_0)$$

$$+ A_r (A_t A_r)^{-1} A_t \{\bar{r}(t_0) - S A_t^T (A_r^T A_t^T)^{-1} q_s'(t_0) - S A_{PC}^T F(t, m_2^0) - g(m_0)\} = 0.$$

Schritt 5: Die Eindeutigkeit der Lösung folgt aus der Eindeutigkeit von m_2. ∎

6 Fazit

In dieser Arbeit haben wir uns mit der quasi-stationären Modellierung der Wassernetzwerke beschäftigt und die resultierende DAE-Gleichung entkoppelt. Weiterhin fanden wir heraus, dass die vom *dissection index* und der Graphentheorie inspirierte Entkopplungsmatrix R^T sich vereinfachen lässt, wenn die Fundamentalkreise und Fundamentalpfade optimal gewählt werden. Weiterhin berechneten wir die inverse Matrix von R^T und somit die Formel für die inverse Koordinatentransformation. Dadurch bestimmten wir die konsistenten Anfangswerte und folglich die konsistente Initialisierung der DAE. Es ist ein sehr interessantes Ergebnis, dass die freie Anfangswerte für die Flussfunktion ausgerechnet auf den Kreiskanten und Pfadkanten wählbar sind und diese Wahl die restlichen Anfangswerte determiniert. Somit gibt es eine fantastische Möglichkeit, diese DAE mithilfe diverser numerischer Verfahren zu berechnen.

Für die Zukunft wäre die Untersuchung der DAE für das erweiterte Netzwerk zu wünschen, welches wir bereits am Anfang aufgeschrieben haben und wegen dessen Komplexität auf die Schaltelemente verzichten mussten. Sehr interessant wären die Entkopplung mithilfe der Graphentheorie und die anschließende mathematische Entkopplung der DAE mithilfe der Matrizen. Weiterhin stünde die Berechnung der konsistenten Anfangswerte für das erweiterte System und die Beantwortung der ewigen Frage, bei welchen Kanten- und Knotenelementen des Netzwerks die Anfangswerte für den Fluss und Druck frei wählbar sind.

7 Anhang

7.1 Graphentheorie

Hier werden die Basisbegriffe der Graphentheorie aus [2] definiert und in vielen Teilen dieser Arbeit verwendet.

Definition 7.1 (Graph)
Ein Graph ist ein Paar $G = (N, E)$ disjunkter Mengen mit $E \subset [N]^2$; die Elemente von E sind also 2-elementige Teilmengen von N. Die Elemente von N nennt man Knoten und die Elemente von E sind Kanten.

Definition 7.2 (Teilgraph und Untergraph)
Sei $G = (N, E)$ ein Graph. Gilt $N' \subset N$ und $E' \subset E$, so ist $G' = (N', E')$ ein Teilgraph von G. Enthält der Teilgraph G' alle Kanten E, so heißt er induziert oder aufgespannt. Ein Teilgraph mit dieser Eigenschaft heißt Untergraph.

Definition 7.3 (Pfad)
Ein Pfad ist ein nicht leerer Graph $P = (N, E)$ der Form $N = \{x_0, x_1, \ldots, x_k\}$ und $E = \{x_0 x_1, x_1 x_2, \ldots, x_{k-1} x_k\}$, wobei die x_i paarweise verschieden sind. Die Ecken x_0 und x_k sind die Endecken, die durch P verbunden sind.

Definition 7.4 (Kreis)
Ist $P = x_0 \ldots x_{k-1}$ ein Weg mit $k \geqslant 3$, so ist der Graph $C := P + x_{k-1} x_0$ ein Kreis.

Definition 7.5 (zusammenhängender Graph)
Ein nicht leerer Graph heißt zusammenhängend, wenn er für je zwei seiner Knoten x, y einen $x - y$-Web enthält.

Definition 7.6 (gerichteter Graph)
Ein gerichteter Graph ist ein Paar (N, E) disjunkter Mengen zusammen mit zwei Funktionen $init : E \to N$ und $ter : E \to N$, die jeder Kante e einen Anfangsknoten $init(e)$ und einen Endknoten $ter(e)$ zuordnen. Die Kante e heißt dann von $init(e)$ nach $ter(e)$ gerichtet.

Definition 7.7 (Wald und Baum)
Ein Graph, der keinen Kreis enthält, ist ein Wald. Ein zusammenhängender Wald ist ein Baum.

Definition 7.8 (Spannbaum und Kreiskanten)
Ein Baum $T \subset G$ heißt Spannbaum von G, wenn er ganz G aufspannt, d.h. $N(T) = N(G)$. Ist T ein Spannbaum von G, so nennt man die Kanten aus $E(G) \setminus E(T)$ die Kreiskanten von T in G.

Definition 7.9 (Fundamentalkreis)
Sei $G = (N, E)$ ein zusammenhängender Graph mit einem Spannbaum $T \subset G$. Jede Kreiskante $e \in E \setminus E(T)$ liegt auf einem eindeutig bestimmten Kreis C_e in $T + e$. Ein solcher Kreis C_e heißt der Fundamentalkreis von G zu T.

Literatur

[1] K.E. Brenan, S.L. Campbell und Petzold L. R. *Numerical Solution of Initial-Value-Problems in Differential-Algebraic Equation*. Philadelphia, USA: SIAM, 1996.

[2] R. Diestel. *Graphentheorie*. Berlin, Heidelberg: Springer, 2010.

[3] P. Domschke, O. Kolb und J. Lang. In: *Computational Optimization and Applications in Engineering and Industry*. Hrsg. von S. Yang X.-S.AND Koziel. Berlin, Heidelberg: Springer, 2011, S. 1–17.

[4] E. Hairer, C. Lubich und M. Roche. *The numerical solutions of differential-algebraic systems by Runge-Kutta-methods*. Berlin: Springer-Verlag, 1989.

[5] C. Huck, L. Jansen und C. Tischendorf. "A Topology Based Discretization of PDAEs Describing Water Transportation Networks". In: *PAMM* 14.1 (2014), S. 923–924.

[6] Pade J. *Modeling and Numerical Analysis of Water Pipe Networks*. Diplomarbeit. Köln, 2013.

[7] P. Kunkel und V. Mehrmann. *Differential-Algebraic Equations: Analysis and Numerical Solution*. Zürich, Schweiz: EMS Publishing House, 2006.

[8] Jansen L. "A Dissection Concept for DAEs: Structural Decoupling, Unique Solvability, Convergence Theory and Half-Explicit Method". Diss. Berlin: Humboldt-Universität zu Berlin, 2014.

[9] Jansen L. und Tischendorf C. "A Unified (P)DAE Modeling Approach for Flow Networks". In: *Progress in Differential-Algebraic Equations*. Hrsg. von S. Schöps u. a. Berlin, Heidelberg: Springer, 2014, S. 127–151.

[10] R. Lamour, R. März und C. Tischendorf. *Differential-Algebraic Equations: A Projector Based Analysis*. Berlin Heidelberg: Differential-Algebraic Equations Forum 1. Berlin: Springer, 2013.

[11] R.M.M. Mattheij und J. Molenaar. *Ordinary Differential Equations in Theory and Practice*. Wiley, 1996.

[12] L. Pawlowski, M. R. Dudzinska und A. Pawlowski. *Environmental Engineering III*. Boca Raton, Fla: CRC Press, 2010.

[13] R. Riaza. *Differential-Algebraic Systems: Analytical Aspets and Circuit Applications*. Singapur: World Scientific, 2008.

[14] B.-U. Rogalla und A. Wolters. *Slow Transients in Closed Conduit Flow - Part I Numerical Methods*. Computer Modeling of Free-Surface und Pressurized Flows, 1994.

[15] L.A. Rossman. *EPANET 2 users manual*. Cincinnati, OH: U.S. Environmental Protection Agency, 2000.

[16] E. Todini. "Un metodo del gradiente per la verifica delle reti idrauliche". In: *Bollettino degli Ingegneri della Toscana* 1.2 (1979), S. 11–14.